AF360937

LES
CHAMPS

PAR

NAPOLÉON ROUSSEL

PARIS

GRASSART, LIBRAIRE-ÉDITEUR

3, rue de la Paix, et rue Saint-Arnaud, 3

1862

LES

CHAMPS

LES CHAMPS

I.

La Ferme.

Oh! que je suis content! Me voilà donc à la campagne! Rien que d'y penser me fait plaisir. Il me semble que j'ai devant moi toute une vie de bonheur. Je vais te raconter mes jouissances depuis hier, jour de mon arrivée ici.

D'abord, à mon entrée dans la ferme, tous ses habitants, depuis maître Pierre jusqu'au gros chien de garde, sont accourus me souhaiter la bienvenue. Maître Pierre me tirait son bonnet; Azor me léchait la main, et la fermière m'essuyait le front couvert de

sueur. Tout le monde avait le temps de me parler, de
s'occuper de moi. Je comptais pour quelqu'un, j'étais
presque un événement. Ce n'est qu'à la campagne qu'on
se sent vivre ainsi. A la ville, on arrive, on part à la
course, en chemin de fer, toujours la montre à la main.
On est un locataire, un voyageur ; on n'est pas
M. Jules, on n'est pas l'objet d'attentions, enfin on
n'est rien ! et cela froisse le cœur. Moi j'ai besoin
d'être l'ami de quelqu'un, du fermier ou même de son
chien !

Après souper, comme à mon arrivée, personne
n'étant très-pressé, j'eus le temps de raconter mon
voyage. Tout ce qui m'était arrivé leur était intéressant : mon parapluie perdu, mes provisions man-
gées, mes compagnons de voyage décrits, mes aventures
d'auberge, tout les amusait. Si j'avais dit cela
chez nous, à la ville, on ne m'eût probablement pas
écouté. Les nouvelles de la Bourse, de la paix, de la
guerre, m'auraient bien vite fait mettre de côté. A
moins d'être un prince, un général, un préfet, personne
ne peut se faire entendre dans vos grandes cités ! Et
moi j'aime que tout le monde parle un peu, obtienne

un peu d'égard, quelque attention ; alors même qu'il ne vous parlerait que de sa migraine ou de son panaris. Est-ce que la fièvre n'est pas aussi cuisante pour un paysan que pour un empereur ? J'ai besoin de donner et de recevoir des sympathies ; or ce n'est guère qu'à la campagne qu'on en a le temps.

Donc, après la causerie du soir, tout le monde a sympathisé avec moi pour m'envoyer coucher. « Il doit être bien fatigué, » disait l'un : » qu'il dormira bien ! « disait l'autre ; et tous deux avaient raison. J'ai dormi dix heures sans m'éveiller ! C'est un rayon de soleil arrivant à mes yeux à travers une fente du volet qui est venu m'inviter à me lever. Je ne savais où j'étais, à Paris ou à Pékin ; mais à la fin je me suis heureusement trouvé à la campagne ! Quelle douce nuit ! quel repos, quelle tranquillité ! Pas une roue d'omnibus ! Pas un cri de marchand ! Pas un coup de sonnette ! Un calme, un silence complet ! Ici, du moins, la nuit est faite pour dormir. A Paris, on s'en sert pour se fatiguer ; il est vrai qu'on se fatigue ailleurs et autrement que dans son bureau ou dans son atelier.

Si tu doutais encore du calme que la campagne

donne à l'esprit, je te dirais : regarde quelle longue et
placide lettre j'ai trouvé moyen de t'écrire ici, moi qui,
dans la Capitale, n'avais que le temps de courir, me
hâter, bousculer les passants, expédier mes amis afin
d'avoir le loisir de faire moi-même des riens que le
monde appelle des affaires ! Mais je m'arrête, car tu es
encore à Paris, et peut-être n'aurais-tu pas le loisir de
me lire, si j'ajoutais une page à cette lettre déjà longue.

Adieu de cœur.

II.

Paris.

Je profite d'une minute de liberté pour t'accuser réception de ta lettre. J'y répondrai plus tard. En attendant que le bonheur ne te rende pas injuste, nous avons aussi la campagne à Paris. Le bois de Boulogne, les squares semés dans la ville, les vases sur ma fenêtre, les arbres du boulevard et.... mais on m'attend, au revoir. Ecris-moi longuement et me crois

Tout à toi.

III.

La Ferme.

La campagne à Paris, dis-tu? mais c'est une dérision! autant vaudrait dire la campagne sur le papier peint qui couvre les murailles de ma chambre! Belle campagne que ton bois de Boulogne, où l'on ne peut pas poser le pied sur un brin d'herbe sans qu'un agent de police vous menace de la prison! Rien que de penser aux défenses affichées à chaque détour du chemin, j'en ai le frisson! Si je veux m'asseoir, c'est deux sous! si je veux changer de place, encore deux sous! Je n'ai que la liberté de me promener bien droit dans les allées, où je ne cours que le risque d'être arrosé par un boyau de caoutchouc, dont le directeur ne crie pas seulement **gare** aux passants !

J'ai horreur d'un plaisir tellement réglementé, et j'aime mieux m'asseoir ici sur une pierre, me coucher sur la prairie en complète liberté, que de m'amuser par ordre de M. le Préfet !

Tu me parles de vos squares. Ah ! ils sont bien nommés : des carrés ! un jardin carré, une prairie carrée, un arbre taillé en carré ! Ici tout est planté et **tout** pousse comme le bon Dieu l'a voulu. Tout est inattendu, irrégulier, nouveau, et par conséquent charmant. Ce matin, je cherchais un rosier, j'ai trouvé une abeille. L'abeille m'a conduit à la ruche. J'ai regardé, observé, et en une heure j'en ai plus appris sur la nature qu'en dix ans à Paris sur le boulevard chez le marchand d'images, où je n'ai jamais vu que des abeilles et des ruches peintes. Je me suis assis par terre. Entends-tu bien ? par terre ! et là des fourmis sont venues se promener sous mes yeux, je crois, tout **exprès** pour m'amuser. Les unes apportaient des pailles ou des bûchettes pour construire leur maison, les autres des graines pour fournir leur magasin. J'en ai vu même deux qui traînaient un ver vivant infiniment plus gros que les deux fourmis ensemble. L'une avait saisi sa tête et poussait en avant ; l'autre avait pris sa queue et tirait à reculons. Le ver, qui ne voulait pas être enmagasiné, levait tour à tour la tête et la queue ; si bien que l'une ou l'autre fourmi se trouvait tour à tour soulevée en l'air ; alors la marche était suspendue. Mais dès que le colosse fatigué s'etendait sur le sol, les deux petites bêtes continuaient leur chemin et entraînaient leur proie. J'avais une parcelle de sucre dans la poche, je la posai devant une troisième travailleuse ; elle s'en saisit, la porta à l'entrée de son souterrain, entrée qui se trouvait partagée par un gravier. Arrivée là, notre fourmi dut s'arrêter ; le morceau de sucre était trop gros pour entrer. Que faire ? La bête réfléchit, puis place son butin dans l'une des deux ouvertures, et se glisse par l'autre à l'intérieur ; enfin bientôt je vois disparaître le pain de sucre qu'elle tirait du dedans ! En voilà du courage et de l'habileté ! Je n'ai pas besoin d'aller voir des soldats manœuvrer au Champ de Mars, ou des maçons construire l'Opéra sur les boulevards ; je vois ici au naturel, sans frais, sans bruit, sans peine, se déployer sous mille formes des instincts merveilleux. Mais ces fourmis me rappellent que mes livres m'attendent et que je dois me mettre à travailler.

IV.

Paris.

J'aurais bien aimé voir tes petites fourmis à la campagne ; mais tandis que tu les examinais, j'étais occupé à goûter un vrai plaisir de ville. Un fameux danseur de corde est venu s'établir au bord de la Seine ; il y a fixé un câble dont l'autre bout était attaché sur la rive opposée. Sur ce chemin étroit et vacillant, notre homme a pris sa course le balancier en mains. Jusqu'au milieu de la rivière tout a bien été ; mais arrivé là, l'acrobate, entendant les fanfares de la musique, les cris de la foule, les applaudissements de son auditoire, a perdu la tête, et patatrac ! il est tombé dans l'eau ! Sans cela nous nous serions bien amusés. Mais l'on attend ma lettre. Je ne sais comment cela se fait, ici on est toujours pressé. Donc je finis. Bonsoir.

V.

La Ferme.

Et tu crois qu'il faut aller à la ville pour voir des acrobates? Erreur; on en trouve à la campagne; seulement les nôtres ne tombent ni par terre, ni dans l'eau, comme tu vas le voir.

Hier, deux poules s'étaient introduites dans une chambre basse de la ferme où d'habitude on coule la lessive et fait sécher le linge sur des cordes qui restent toujours là plus ou moins lâches ou tendues. Sans apercevoir les deux volatiles, un domestique avait tiré la porte de cette buanderie et les poules s'y trouvaient ainsi renfermées. Elles auraient bien voulu sortir et aller dormir dans leur poulailler sur un perchoir, ou du moins dans le jardin sur un arbre. Faute de perchoir, elles sautèrent sur une corde lâche, ayant soin, pour se faire équilibre, de se tourner l'une d'un côté, l'autre de l'autre. J'arrive dans cette chambre obscure sans me douter de rien ; mon chapeau se heurte à la corde-balançoire, lui imprime un mouvement de va-et-vient, et mes deux poules, sans se déconcerter, se balancent à droite, à gauche, comme sur une escarpolette, ouvrant et fermant leurs ailes tour à tour, selon qu'elles montent ou descendent. Pas une ne descendit à terre, pas une ne tomba dans l'eau. Tu vois qu'il n'est pas nécessaire d'aller à la ville voir les acrobates. Les miens en valent bien d'autres ; ils ont même l'avantage de ne se casser ni le bec ni le nez.

Mais, ce qui vaut mieux encore, c'est que mes acrobates donnent des œufs ! et qui plus est, des œufs frais. Inutile de les regarder à la chandelle comme ceux de la fruitière. Les œufs de nos poules sont toujours fraîchement pondus. Et notre beurre donc ! Est-il jamais rance comme le vôtre? Et notre lait ! Est-il jamais allongé comme celui de la laiterie du coin ? Jamais ! Il n'y a pas jusqu'à nos carottes, nos pommes de terre, nos melons, qui n'aient une fraîcheur inconnue dans vos villes. Ils arrivent à la cuisine, non de la cave, mais du jardin. Ici rien de moisi, rien de falsifié. L'œuf pondu à huit heures est mangé à neuf ; la cerise cueillie à midi est croquée à une heure ; le lait trait à la nuit est bu le même soir. Nous vous envoyons nos restes qui se gâtent en chemin !

Mais ces œufs frais et ce lait chaud me conduisent tout naturellement à te raconter un fait que nous venons de découvrir. C'est une nouvelle plus intéressante que tous les *faits divers* de vos journaux.

La petite Marie, fille de la fermière, va tous les matins à l'école. Elle emporte dans son panier du pain, un œuf et du lait pour son dîner, ce qui lui permet de ne pas rentrer avant le soir à la maison. L'autre jour, sa maîtresse d'école vient à la ferme, et, je ne sais à quelle occasion, dit que la petite Marie avait pour son repas du pain trempé dans un peu de lait éclairci de beaucoup d'eau. La mère étonnée affirma qu'elle donnait chaque matin à sa fille un œuf frais, du lait pur et un gros morceau de pain. La maîtresse répète que l'enfant arrive toujours sans œuf avec du pain et du lait bleu... On appelle la petite, on la questionne ; et, à la fin, on découvre que Marie, en passant devant la chaumière d'un pauvre paralytique, y laissait chaque matin l'œuf frais, la moitié de son pain, les trois quarts de son lait ; mais que, par compensation, en arrivant vers la fontaine, elle remplaçait par de l'eau pour elle le lait qu'elle avait donné !

VI.

Paris.

Je te félicite sur tes heureuses rencontres d'abeilles, de fourmis, de poules; et surtout je te remercie pour ton histoire de Marie. Je me promets bien de la répéter à M. Similor, qui la mettra dans son journal; elle y produira bon effet. Si jamais tu peux m'en donner d'autres semblables, n'y manque pas. Cela nous amuse, de lire le soir des histoires intéressantes. Quant à moi, pour avoir plus tôt fait, je t'enverrai les miennes tout imprimées dans nos vieux numéros ; cela te tiendra lieu de mes lettres et j'y gagnerai du temps.

Adieu.

VII.

La Ferme.

Comme te voilà affairé! Tu n'as même plus le temps d'écrire à ton meilleur ami. Quoi! tu penses que le journal de tout le monde me tiendra lieu de ton journal personnel? Voilà bien une idée qui ne peut venir qu'à la ville! Grâces à Dieu, à la campagne, nous avons plus de temps et nous en profitons pour penser et sentir.

Mon histoire de Marie t'a suggéré le projet de la faire reproduire par un littérateur, c'est bien; mais elle m'a donné une suggestion que je crois meilleure. Je vais te l'exposer.

En voyant une jeune fille se rendre utile, je me suis demandé : Pourquoi moi-même ne ferais-je pas quelque chose de bon ? ensuite je me suis dit : que puis-je faire ? enfin que faire pour le paralytique à qui Marie donne la moitié de son diner ? Alors j'ai conçu la bonne idée d'aller visiter celui qui ne pouvait visiter personne ; et quand je me suis trouvé en face de lui, les bras croisés, n'ayant pas grand'chose à dire, la pensée m'est venue de lire au malade quelques bonnes histoires. C'est ce que j'ai fait. Mais, hélas ! notre brave homme me parlait de ses douleurs, qui ne le quitteraient pas, de la mort, qui pouvait venir à chaque instant..., cela m'a suggéré la pensée de lui lire un livre plus sérieux. J'ai pris l'Evangile, et depuis lors le pauvre malade est plus calme, plus patient, plus heureux.

Ce petit succès m'a encouragé. Je suis allé chez le maître d'école du village. Sa classe est si nombreuse qu'il ne peut suffire à ses devoirs. Il pensait à prendre un sous-maître ; mais l'exiguïté de son traitement ne le lui permit pas. Avec six cents francs, il peut à peine nourrir sa famille. J'ai donc offert de l'aider gratuitement, si bien que me voilà lecteur de la Bible chez le paralytique, et correcteur de devoirs chez le maître d'école.

Depuis ce moment, j'ai découvert mille autres emplois de mon temps, et j'ai bien regretté que tu ne fusses pas ici pour faire comme moi. Je connais une tâche qui seule remplirait une vie au milieu de nos paysans. Ce serait de travailler à détruire leurs préjugés. L'un pense qu'on a jeté un sort sur sa vache, qui ne donne plus de lait; l'autre, qui ne croit peut-être pas en Dieu, se confie en un rameau de buis bénit, qui pourrit dans son champ, pour faire prospérer ses moissons. Une femme fait tourner une clef dans une Bible, qu'elle ne lit pas; un homme s'incline devant la lune rousse ou la Saint-Médard, et se moque de son pasteur. Ici on vous parle de sorciers; là de revenants, et de tant d'autres absurdités que c'est à n'en pas finir. Ce qu'il y a de pire c'est qu'ils s'estiment chrétiens parce qu'ils sont plus superstitieux, comme si l'Evangile n'était pas le plus grand ennemi de la superstition.

Je me suis demandé comment je pourrais délivrer ces bonnes gens de ces erreurs. Or voici comment je

compte m'y prendre. Toutes les fois qu'il s'agira d'un
sujet qui touche à la religion, je consulterai la Bible de
cette femme pour y chercher une parole contraire à
leurs superstitions. C'est ainsi qu'il m'est déjà arrivé
de citer à plus d'un ces défenses de Moïse aux Israëlites :
« Qu'on ne trouve chez toi personne qui pratique la divi-
« nation, les maléfices, les enchantements et les conju-
« rations, personne qui évoque les morts ou se livre aux
« sciences occultes ou interroge les trépassés ; car
« quiconque fait ces choses est en abomination à
« l'Eternel. »

Quand leurs préjugés ne se rapportent pas à la religion, mais aux sciences, je suis plus embarrassé ; car
je manque du savoir nécessaire pour leur montrer qu'ils
se trompent : cette difficulté elle-même m'a conduit à
un bon résultat, c'est de me faire étudier moi-même la
question que je veux traiter avec eux. Pour cela, je trouve presque toujours ma réponse et mon instruction propre dans un dictionnaire des arts et des sciences qui
est dans la bibliothèque du château. J'instruis ces
bonnes gens et je m'instruis moi-même. Tu vois qu'à

la campagne on peut se rendre utile à bon marché. Il suffirait pour cela de lire avec soin l'*Almanach des Bons Conseils* et de s'appliquer à répandre les directions qu'il contient.

VIII.

Paris.

Tes efforts pour te rendre utile m'ont inspiré le désir
de suivre ton exemple, et j'ai déjà trouvé le moyen de
soulager les pauvres sans trop de dépenses ni d'em-
barras. Voici comment. Il y a en Angleterre un
monsieur qui donne mille francs pour un milliard de
timbres-poste ayant déjà servi ; somme qu'il offre de
consacrer à de pauvres orphelins. De toutes parts, on
s'est mis à dépouiller les vieilles lettres de leurs timbres
salis, que l'on met de côté pour les faire passer par un
intermédiaire à ce généreux donateur. Je me suis mis à
l'œuvre, je ramasse toutes les enveloppes, je décolle
avec soin le petit carré bleu, vert ou rouge, et j'en ai
déjà réuni toute une pleine boîte ! Tu vois que c'est

utile aux autres et commode pour le bienfaiteur ; je sens qu'il est doux de faire du bien ; c'est un plaisir pour moi de pouvoir dire à quelqu'un : « Donnez-moi vos vieux timbres pour mes jeunes orphelins. » Tu conviendras qu'on peut s'occuper de bonnes œuvres aussi bien à la ville qu'à la campagne.

IX.

La Ferme.

Ta méthode de bienfaisance m'a beaucoup amusé. Je trouve en effet qu'elle est bien commode ; je crains seulement que cette commodité ne soit son unique mérite. Je vais m'expliquer.

J'ai vu plus d'une personne recueillir, comme toi, de mauvais timbres-poste pour une bonne œuvre ; j'ai vu même les intermédiaires qui recevaient ces petits chiffons des mains des collecteurs. Mais il y a un personnage que je n'ai jamais vu, c'est le donateur des mille francs. L'as-tu vu, toi ? du moins sais-tu son nom ou son adresse ? Connais-tu la maison d'orphelins par lui secourue au moyen de timbres-poste mâchurés ?... Eh ! ne vois-tu pas que c'est une grande mystification de ces

bienfaiteurs à bon marché qui veulent, sans rien faire,
sans rien donner, prendre des airs de charité, et qui
trouvent plus facile d'accorder à leur voisin un timbre-
poste inutile qu'un centime à un pauvre ou une visite
à un malade ? S'il y a de par le monde un homme à qui
l'on remet réellement ces vieux papiers qui valent à
peine le prix de quelques livres de chiffons, il doit bien
rire de la niaiserie de tous ses collecteurs ! Mais je crois
plutôt qu'un tel mauvais plaisant n'existe nulle part,
et si les collecteurs se taisent, c'est qu'eux-mêmes
ont été les premiers mystifiés. Crois-moi, cher ami,
cherche une ressource plus abondante pour soulager
les orphelins.

X.

Paris.

Ne parlons plus de timbres-poste, j'ai quelque chose
de plus intéressant à te dire :

Hier je suis allé à l'hippodrôme des Champs-Elysées
et je m'y suis bien amusé. J'ai vu un Franconi danser
sur un cheval, puis sur deux, puis sur trois, puis
par terre ; c'est-à-dire qu'il est tombé. Ensuite une
jeune écuyère a voltigé sur une corde à travers un
tonneau de papier. Paillasse s'est suspendu par un pied ;
le triangle s'est rompu. Heureusement, le sauteur ne
s'est pas tué ; il n'a eu qu'une épaule démise ; on ne
s'en est presque pas aperçu. Et le feu d'artifice ! et les

fusées volantes ! et le bouquet ! C'était un bruit, une clarté... puis rien du tout ! noir comme une cave ! Nous sommes revenus à 11 heures du soir bien fatigués et bien divertis. Mais on m'attend.

Adieu.

XI.

La Ferme.

Je m'amuse à la campagne à moins de frais, avec moins de fatigue, sans être obligé de voir et de faire souffrir. Je n'ai jamais trouvé bien divertissant qu'on se cassât les jambes ou se démît l'épaule à prix d'argent!

Comme toi, j'ai fait une découverte ; une source intarissable d'amusement. C'est une vaste salle où l'on se réunit chaque soir pour se raconter des histoires. Je ne garantis pas que ces récits soient toujours vrais, du moins sont-ils toujours amusants. Je vais te répéter celui qu'un zouave de retour d'Algérie nous a fait hier soir.

Comme on se demandait le meilleur moyen de s'en-

richir, notre ancien soldat, redevenu paysan, répondit :
C'est par l'économie.

— Mais, dit un autre, alors même que j'économi-
serais les bouts de chandelles que je brûle, les
souliers que je porte, le bois qui me chauffe et la moitié du lard que je mange, toutes ces économies ne
feraient pas ma fortune.

— C'est ce qui vous trompe. J'ai connu en Afrique
un Bédouin qui devait ses trésors à un grain de blé.

— Comment cela ?

— Je vais vous le raconter ; c'est aussi intéressant
que les *Mille et une nuits*. Justement, l'histoire se passa
parmi les Arabes.

Ali était pauvre ; son fils était insouciant. Le père,
en mourant, fit venir son enfant et ses voisins et leur
dit : Avant de quitter ce monde, je voudrais vous
donner à vous, amis, un bon conseil et à toi, mon fils,
une fortune pour tes vieux jours.

— Quel est ton conseil ? lui dirent les voisins.
— L'économie.
— Et ta fortune ? dit le fils.

— Un grain de blé.

Le fils et les voisins redoublèrent d'attention.

Oui, dit le mourant à son garçon, en lui présentant un grain de froment entre le pouce et l'index comme une prise de tabac, voilà ce qui fera ta fortune si tu veux suivre mes conseils. Et à vous tous je promets un exemple perpétuel d'économie si voulez aider mon fils dans l'administration de son héritage.

— L'administration d'un grain de blé ? s'écria un des assistants; et comment ?

— D'abord, me promettez-vous tous ce que je vous ai demandé ?

— Oui, oui, répondit-on de toutes parts, poussé par le désir d'entendre ce que le vieillard pouvait avoir à dire.

— Eh bien ! je prends Mahomet à témoin de votre engagement ! Toi, mon fils, prends ce grain de blé; et qu'un de vous lui prête dans ses champs seulement la place suffisante pour le semer.

— J'y consens, dit un vieillard.

— Bien ; et à la récolte tu auras un épi de cent

grains. Sème encore ces grains dans la saison suivante sur le champ d'un autre voisin.

— Chez moi, dit un jeune homme.

— Bien ; à la seconde récolte de cent épis, égraine-les tous avec soin et sème de nouveau ces cent fois cent grains de blé, et à la fin de l'année tu auras, dans les circonstances les plus favorables, dix mille grains. Voyons, chers amis, qui de vous lui prêtera son champ pour y semer toute sa moisson ?

Les assistants se regardèrent comme effrayés du grand espace qu'il faudrait, mais enfin un d'eux, plus libéral ou plus curieux, dit :

— C'est moi.

— C'est parfait. Maintenant vous connaissez tous mon secret. Mon enfant, continue ainsi à semer les récoltes entières qui sortiront de l'unique grain que voilà, jusqu'à ce que les forces te manquent pour travailler ; alors vends ta dernière récolte ; ta fortune est faite ; et vous, voisins, vous aurez tous une leçon d'économie bien propre à régler la conduite de vos enfants !

Il y avait là un marabout qui n'avait encore rien dit.

— Dieu est grand, s'écria-t-il alors, et ce que tu viens de nous dire montre sa puissance et sa bonté. Tout en t'écoutant, j'ai fait en silence le compte des grains de blé que ton fils aura dans sa vieillesse, et s'il sème son blé, comme il le peut, deux fois par an, au bout de trente années, tu auras des milliards de grains en des milliers de sacs, qui, à dix piastres, te produiront des centaines de mille francs !

Le père mourut et le fils obéit. Il se fit un devoir de tout accomplir selon les règles ; il voulut semer son grain unique comme s'il en avait des milliers. Il prit une charrue, creusa un sillon, y jeta son grain, le recouvrit de terre en y passant la herse, et attendit. D'abord rien ne parut, mais il prit patience. Enfin au bout d'un certain temps, il aperçut entre deux mottes un petit brin d'herbe verte qui montait droit comme un I ! Peu à peu le brin d'herbe poussa, grossit sans qu'on pût dire comment. Puis le brin se changea en tige, la tige grandit et à son extrémité se forma l'épi contenant des grains à peine formés ; puis formés, mais encore tendres. Jusque-là tout était vert. Le soleil frappa droit et longtemps ; l'épi vert jaunit ; les grains mûrirent, et à la fin on eut un long tube surmonté d'un épi garni lui-même de grains gonflés, durcis et nombreux !

Le fils suivit ce développement comme s'il n'avait jamais vu croître le blé, et son épi lui devint aussi précieux qu'une vaste moisson.

L'épi fut cueilli, égrené, et tous ses grains semés à leur tour ; si bien qu'à la saison suivante, chaque semence donna son épi et chaque épi sa multitude de grains. Ainsi, de récolte en récolte, on passa d'un grain à cent, de cent à dix mille, de dix mille à un million, et d'un million à des boisseaux, si bien qu'après de longues années, les produits du grain de blé couvrirent une vaste étendue de terrain.

Quand le fils d'Ali se crut assez vieux pour avoir bien rempli la volonté de son père, il mit fin à ses économies, chargea sur un bâtiment sa dernière récolte et la conduisit à Toulon. Là un moulin à vapeur....

— Un moulin à vapeur ? interrompit un de nos vil-

lageois ; il y a donc des moulins à vapeur, comme des
bateaux à vapeur ?

— Oui, reprit le vieux soldat ; moi, qui vous parle,
j'en ai vu plus d'un. Vous savez que nos moulins à eau
ont une roue qui tourne poussée par le courant d'un
ruisseau ; vous savez que cette roue tournante fait
avancer une grosse meule en pierre sur une autre, et
que le blé placé entre les deux se trouve ainsi écrasé
et changé en farine.

— Sans doute, tout le monde sait ça.

— Vous savez aussi que les pays qui manquent
d'eau ne manquent pas de vent, et que le vent pousse
une roue tout aussi bien que l'eau.

— Oui, oui, mais le moulin à vapeur ?

— Eh bien ! le moulin à vapeur, ce n'est plus ça.

— Voilà une jolie explication !

— Attendez, attendez. Dans tous les moulins, il y
a du blé, des meules, un mécanisme, une force ; mais
il y a quelque chose de plus : moudre le blé c'est
l'écraser pour séparer sa substance intérieure qui
s'appelle farine, de sa peau qui s'appelle son. Cette

séparation s'accomplit en mettant le blé moulu dans un tamis, qui, agité, laisse passer la farine et retient le son. Mais voici ce qui distingue le moulin à vapeur ; c'est qu'il fait tout cela plus vite et en bien plus grande abondance. J'en ai vu un à quatre étages. Au sommet, le blé était nettoyé ; plus bas, moulu ; plus bas encore, séparé du son ; enfin ensaché au rez-de-chaussée, et mis sur une voiture qui l'emporte chez le boulanger.

— Mais, dit un enfant, revenez donc à l'histoire du fils d'Ali qui fit fortune avec son grain de blé.

— J'y reviens : ce Bédouin ni son père n'ont jamais existé. Cette histoire est une pure invention pour faire sentir ce que peut l'économie ; mais surtout la bonté et la puissance de Dieu, qui, d'un simple grain de blé, fait sortir toute une moisson, et de cette moisson la nourriture d'une famille.

— Ainsi cet Arabe n'a jamais vécu ?

— Jamais.

— Il n'a jamais semé son grain de blé ?

— Jamais.

— Cela me contrarie.

— J'en suis fâché ; mais, à cette heure, vous n'en savez pas moins comment le blé se sème, comme il pousse, se récolte, se moud et se transforme en pain. Êtes-vous fâché de l'avoir appris ?

— Oh non !

— Laissez donc le conte et retenez la vérité !

XII.

La Ferme.

Une histoire en amène une autre ; il ne s'agit que de commencer pour que chacun conte la sienne. C'est ce qui nous est déjà arrivé dans notre salle de réunion.

A peine le zouave avait-il fini le récit de son grain de blé, qu'un autre dit : Moi je connais quelque chose de plus curieux encore.

— Et quoi donc? lui dit-on de tous côtés.

— C'est l'histoire d'un chiffon.

— D'un chiffon ! répétèrent vingt voix en même temps.

— Oui, d'un chiffon qui de la rue est parvenu dans la main d'un roi et d'une reine.

— D'un roi et d'une reine ! dit un petit garçon ; c'est comme une histoire de fée.

— C'est tout aussi curieux et c'est beaucoup plus vraisemblable.

— Voyons ; parlez, parlez, lui cria-t-on de toutes parts.

Quand le conteur se fut ainsi assuré par son habile exorde l'attention de son auditoire, il poursuivit comme suit :

Une fois un mendiant ramassa sur la grande route entre notre village et la papeterie un vieux et sale chiffon, il le mit dans sa besace et continua son chemin. Arrivé à la maison voisine, il se présente à la porte du chef de la maison et selon sa coutume demande l'aumône.

— Allez travailler, lui répond une voix partie de l'intérieur.

— Je n'ai pas d'ouvrage.

— Entrez, je vous en procurerai.

— Mais je ne sais rien faire.

— Je vous enseignerai à fabriquer du papier. Tenez, qu'avez-vous là dans votre besace ?

— De vieux chiffons.

— Bien. Commencez par aller les laver dans ce ruisseau, ensuite faites-les sécher, et enfin au lieu de les raccommoder, achevez de les réduire en charpie. Quand vous aurez fait cela, revenez et je vous donnerai un morceau de pain.

Le mendiant n'ayant plus de prétexte, vint au ruisseau, lava ses chiffons, les fit sécher sur l'herbe et les déchira avec ses doigts, ses ongles, son couteau, menu menu comme chair à pâté, pour les apporter à son nouveau maître.

— Bien, lui dit ce dernier. Maintenant mangez un morceau et vous porterez vos chiffons dans cette grande cuve que vous voyez là-bas dans l'usine : ensuite vous les suivrez des yeux jusqu'à ce que leur transformation soit complète ; et alors vous reviendrez me parler.

Le pauvre obéit encore, jeta ses chiffons réduits en poudre dans la vaste cuve, où s'en trouvait déjà beaucoup d'autres.

Le tout, trempé d'eau mêlée de colle, devint pâte. Le mendiant suivit du regard la poignée qu'il y avait jetée ; il la vit tourner et finalement sortir de la cuve par une ouverture et couler sur un plan légèrement incliné où la pâte rencontra un cylindre qui la pressa et l'étendit.

Plus loin, un second cylindre plus rapproché la serra davantage, en exprima la partie liquide, et cette pâte, ainsi mieux desséchée, devint plus ferme et plus mince ; si bien qu'en avançant toujours, passant sous des cylindres qui la pressaient toujours plus, elle finit par devenir mince comme une feuille de papier. . . . . à tel point qu'en effet c'était réellement une feuille de papier !

Le mendiant avait suivi des yeux la pâte de son chiffon sortant de la cuve tout le long de la machine, jusqu'à ce que, transformée en papier, elle vînt à l'autre bout s'enrouler sur elle-même. Il voulut toucher du doigt le point précis qu'il avait accompagné du regard, et son ongle y fit une empreinte, si bien que, sans intention, il venait de marquer son propre chiffon blanchi, collé, réduit en feuille. Quand la longue pièce de papier sans fin fut complètement séchée, il demanda qu'on lui coupât dans l'immense feuille, large de deux mètres et longue d'une lieue, le morceau qui lui appartenait. Avant de le lui remettre, on fit passer le papier entre deux cylindres si rapprochés, l'un de l'autre, que les grains du papier en furent complètement écrasés. La feuille fut ainsi glacée et coupée en papier à lettre.

Notre mendiant s'en servit pour adresser une supplique au Gouvernement en sa qualité d'ancien soldat. Sa lettre passa sous les yeux du monarque, sa demande fut accordée, et il reçut la pension de 600 francs qui fournit modestement à ses besoins jusqu'à sa mort.

Voilà comment le chiffon ramassé sur le grand chemin, lavé, collé, pâtifié, pressé, lustré, devint feuille de papier à lettre mise sous les yeux et dans les mains du roi et de la reine, comme je vous l'avais dit en commençant.

Mais ce chiffon, d'où venait-il lui-même? Voilà ce qui peut-être est le plus intéressant. Ce chiffon n'était rien moins que les débris d'un drapeau blanc, jadis orgueilleusement porté au milieu des batailles par un régiment de grenadiers ; son étoffe avait été tissue en Alsace et le coton de l'étoffe venait d'Amérique. Là des nègres, esclaves, l'avaient planté, cultivé et cueilli. C'était d'abord, comme votre grain de blé, une simple petite graine. De la graine était sorti un arbrisseau ; sur l'arbrisseau étaient des tiges et au sommet des tiges des fruits gros comme le poing, et ronds comme une boule. Représentez vous une balle à jouer ; supposez que sa peau soit une réunion de feuilles jointes les unes aux autres et que petit à petit le ballon, grossissant à l'intérieur, fasse éclater l'enveloppe et mette à découvert une masse de duvet, vous aurez une idée de ce qui se passe dans le cotonnier.

Le nègre, la négresse et même le négrillon, vinrent un beau jour dans le champ complanté de ces arbrisseaux ; ils trouvèrent les fleurs-boules gonflées, le lendemain entr'ouvertes, le jour suivant épanouies, et ils saisirent le coton qui se présentait de lui-même. On eût dit en vérité que l'arbre tendait le bras, que la tige avançait sa main, et que sa main ouvrait ses doigts pour donner une poignée de duvet à l'homme

qui devait le filer, le tisser, le coudre en forme de
drapeau pour gagner des batailles..., puis le jeter
dans la boue, le laver, le pulvériser et le transfor-
mer en royale missive.

Je crois vraiment que c'est le même papier sur
lequel je t'écris ; car ma plume y glisse si facilement,
que je ne puis finir.

XIII.

Paris.

Tes histoires de blé et de coton m'ont amusé.
Comme te voilà sur la route de la science agricole, tu
devrais bien faire une question à tes bons campagnards. Puisqu'ils t'ont fait connaître le cotonnier,
demande-leur donc de te montrer le lainier. J'aurais
bien d'autres questions à proposer, mais je crains de
te paraître trop ignorant. Je me borne à celle que je
viens de poser.

XIV.

La Ferme.

J'ai mis ta demande devant l'aréopage campagnard ; et, à cette question : Qui de vous connaît le lainier ? la réponse a été unamine : « Connais pas. » J'allais t'envoyer ce triste résultat de mes enquêtes, quand un membre de l'assemblée villageoise s'avisa de me questionner.

— Le lainier, me dit-il ; mais qu'entendez-vous par là ?

— Eh ! bien j'entends l'arbre qui produit la laine !

— Un grand éclat de rire accueillit mon explication.

— Attendez, me dit mon voisin, je vais vous faire voir et toucher un lainier. Ce disant, il sort, et quelques minutes après revient en poussant devant lui un mouton.

— « Bai ! » fit le nouveau venu.

— Voilà un lainier, me dit son introducteur.

Et moi, mon cher citadin, je te transmets son explication.

XV.

Paris.

Je t'avoue que je suis confus ! Ma question te donne la mesure de mon ignorance sur tout ce qui concerne les champs. Aussi je n'ose plus t'interroger. Je me contenterai de t'écouter, continue à m'instruire. Tu as déjà fait naître en moi le désir de t'imiter, et d'aller vivre au milieu des paysans. Ils ne m'enseigneront pas les jeux de bourse ; mais bien comment pousse le blé et mûrit le raisin. Ils m'ont déjà fait connaître le lainier. Vraiment, j'en savais moins qu'un mouton !

XVI.

La Ferme.

Tu as pris la leçon de si bonne grâce, que je n'ai pas le courage de te plaisanter ; mais pour que tu ne tombes pas dans une aussi grosse bévue sur la matière première de quelques autres tissus, laisse-moi te dire quatre mots sur le chanvre et le lin.

Les tissus de fil, ou, ce qu'on appelle communément la toile, sont faits de chanvre ; ces fils sont pris à la surface d'une longue tige qui croît dans nos champs. Il en est de même du lin, avec cette différence que le lin est plus petit que le chanvre, et que le fil qu'on en détache est plus fin. Aussi en fait-on de la mousseline et de la dentelle.

Et la soie ? Comme à propos de soie on parle souvent

d'un arbre appelé mûrier, je crains en vérité que tu ne t'imagines que la soie pousse sur un arbre comme le coton sur un arbrisseau. Laisse-moi donc te dire deux mots à ce sujet.

Tu as sans doute entendu parler de la graine, point de départ de la soie. Cette graine n'est pas une graine ; c'est un œuf, tout aussi véritablement œuf qu'un œuf de poule. On le fait éclore par la chaleur ; et il en sort un ver. Ce ver se nourrit de feuilles de mûrier. Pendant sa vie, il passe par diverses transformations qu'on appelle maladies, et quand il est parvenu à la dernière, il tisse autour de lui un cocon, ou, si tu veux, une maison dans laquelle il s'enferme hermétiquement. Tisser n'est pas le mot propre ; j'aurais dû dire qu'il dévide autour de lui un long fil qui finit par former un tissu, tant les brins en sont rapprochés. Mais d'où lui vient ce fil ? Il le tire de l'intérieur de son corps où ce brin se trouve tout formé ; si bien formé que si l'on tuait le ver au moment où il va commencer sa construction sphérique, on pourrait, en prenant ce fil par un bout, l'enrouler tout entier autour d'une bobine. Une fois l'insecte dans sa prison, il s'opère là une dernière transformation : des ailes se dégagent du corps de ce ver et ce ver devient papillon. Il troue sa coque, prend son essor et s'envole dans les airs. Voilà l'œuvre de la nature. Mais l'homme intervient et la modifie à son profit. Quand le cocon est complètement formé, et avant que le ver ne perce cette enveloppe pour en sortir, on porte ce petit ballon dans un four où le ver est étouffé par la chaleur. Alors sa coque reste intacte, l'homme en prend le bout, la déroule et en tire ainsi un long brin de soie. On double, triple ce brin, on le tord et il devient assez gros pour être transformé sur le métier du tisserand en pièce de tulle ou de taffetas.

Mais en voilà plus que tu n'en veux, peut-être ; toutefois, ce n'est pas trop pour qui m'a demandé ce qu'était le lainier !

XVII.

Paris.

Décidément, l'amour des champs me gagne; ou, si tu veux, le dégoût de la ville me prend. Je me lève tard, parce qu'on se couche tard ici. Pour dissiper la fatigue du soir, il faut que je perde mon temps le matin ! Dans le jour, nous avons une chaleur insupportable ; pas une brise ; mais une atmosphère chargée de vapeurs, de fumée, de miasmes. L'été ne se manifeste à nous que par la substitution d'un inconvénient à un autre. Il n'y a plus de boue, mais de la poussière ; plus de froid, mais les ardeurs d'un four. En été, comme en hiver, les rues et les boutiques sont les mêmes. Ici rien ne pousse, rien ne change ; on ne se sent pas renouvelé. Sans l'almanach, on ne saurait si l'on sème ou moissonne quelque part. Pour nous, le blé n'est jamais ni en herbe ni en épi ; pas même en grain ni en farine. Nous ne le voyons que sous forme de pain ! Les omnibus suivent toujours la même route, les marchands poussent toujours le même cri, et je me retrouve toujours dans la même chambre qui n'a de soleil que la flamme de mon foyer, de fleurs que celles de mon tapis et de tableaux champêtres que mes photographies ! C'est à mourir d'ennui. Comme ton ver-à-soie, je sens les ailes me pousser, je ne tarderai pas à m'envoler.— Et toi, que fais-tu tandis que je m'ennuie ?

XVIII.

La Ferme.

Tandis que tu t'ennuies, je m'amuse; et ce qu'il y a
de mieux, je m'amuse en travaillant. D'abord, je me
couche à neuf heures, un peu après les poules et le
soleil, afin de suivre leur bon exemple. Il en résulte
que le matin je puis me lever sans effort et de bonne
heure. Aujourd'hui par exemple, j'ai voulu suivre maître Pierre et ses garçons dans la prairie qu'on avait
déjà commencé de faucher. Ne va pas croire que j'aie
la faux en mains. Hélas! élevés à la ville, nous ne
sommes ni assez forts, ni assez habiles, pour manier

cet instrument. Mais j'ai saisi le râteau et la fourche.
J'ai ramassé, retourné, entassé le foin. J'étais heureux
de me sentir utile, heureux d'exercer mes forces, sans
compter, qu'avant huit heures, j'avais gagné un
furieux appétit.

Nous comme vous nous avons le soleil, mais aussi
des brises pour en tempérer la chaleur. Le matin l'air
est pur, léger, vivifiant. Il semble avoir été fait pour
procurer le plaisir de le respirer. Il s'échauffe petit à
petit ; mais par compensation, les arbres se sont cou-
verts de feuilles larges, épaisses, comme pour nous
donner un abri. La terre elle-même à mis sous nos
pieds son tapis de verdure pour nous permettre de
nous étendre mollement. Qu'il est doux de dormir sur
le foin qu'on a ramassé ! Quelle satisfaction que de
suivre la voiture qu'on a chargée, et de rentrer riche à
la ferme qu'on avait laissée vide de moissons. Il semble
que Dieu nous ait mis ces récoltes dans la main. On se
sent plus près de lui par la reconnaissance, on voudrait
l'en remercier. Aussi quand, le soir, j'ai proposé d'en-
tonner un de nos cantiques, ai-je trouvé tout le
monde prêt à chanter.

Ce qui complète le bonheur de chacun, en cette saison, à la campagne, c'est la vue du bonheur d'autrui. Le fermier est joyeux de rentrer ses récoltes, l'ouvrier content d'avoir de l'ouvrage, la fermière satisfaite des pontes et des couvées. Il n'y a pas jusqu'aux animaux dont la béatitude ne fasse plaisir à voir. Poules et coqs, dindes et pigeons, courent les champs ; les grains abondent sous leur bec. Tout le monde, bêtes et gens, participent à l'abondance. Sans compter cette multitude d'oiseaux et d'insectes qui ne fasse plaisir, sinon au propriétaire des champs, du moins au spectateur de la nature. Ma tendresse pour les animaux t'amusera peut-être ; mais faudrait-il donc « emmuseler le bœuf qui foule le grain, » chasser de la grange la poule qui donne des œufs, et des champs les oiseaux qui s'y engraissent au profit du chasseur ? En vérité, ce serait se montrer plus qu'exigeant, ce serait être égoïste. Quant à moi, je n'ai toujours qu'une peur, c'est que poules et pigeons n'aient pas assez à manger. Je suis parfois tenté d'aller émietter mon pain devant eux. Heureusement, la réflexion me vient, et je me rappelle la promesse de

Celui qui nous déclare que pas un passereau ne tombe
en terre sans sa permission, et je réserve ces miettes
pour les indigents.

XIX.

Paris.

J'étais presque décidé à t'imiter et à partir pour la campagne. Mais, au moment de quitter Paris, je me suis dit que je ne le connaissais pas. Il y a dans cette vaste Babylone des trésors de curiosités, de sciences, de plaisirs, que le Parisien ne goûte jamais, précisément parce qu'il dit qu'il le pourra toujours. J'ai donc voulu, avant de prendre un parti, visiter toutes ces beautés, et je t'avoue que j'ai tant vu de choses et surtout qu'il m'en reste tant à voir, que je commence à penser que ce ne sera pas trop de ma vie entière pour les étudier. J'ai parcouru, dans la semaine, les tableaux du Louvre et du Luxembourg, les Jardins des Plantes et des Tuileries, les vastes Musées d'histoire naturelle. J'ai même assisté à deux ou trois leçons de botanique; et pour ne te citer qu'une des mille curiosités qui m'ont frappé à une exposition de fleurs, je te dirai que j'ai vu des roses artificielles sur des tiges naturelles, et des tiges artificielles portant des roses naturelles. On avait si parfaitement imité la nature, qu'il était impossible de distinguer ces fleurs les unes des autres. N'est-ce pas joli? Cela me rappelle que j'ai vu dans un tableau un oiseau si bien fait, que j'ai tendu la main pour le prendre. Enfin, le soir j'ai entendu dans un concert un solo de flûte, où tout le monde a cru reconnaître un chant de rossignol.

Tu vois que j'emploie bien mon temps, et que je puis rester à Paris tout aussi content que toi dans les champs. Cependant, je ne sais..., mais je suis fatigué de mes courses. Adieu.

XX.

La Ferme.

Je suis tout heureux de ton bonheur : flûte — rossignol, oiseaux en peinture, fleurs artificielles, animaux empaillés, je suis bien aise que tout cela t'ait paru charmant. Il est fort heureux que quelqu'un l'aime, car moi je ne l'aime guère ; et chacun tirant ainsi d'un côté différent, il se trouve qu'il y a place pour tout le monde.

Comme toi, j'ai joui hier, non pas le soir, mais le matin, d'un délicieux concert. Ce n'était pas une flûte imitant le rossignol, mais le rossignol lui-même, et je t'assure que cette musique valait bien celle de l'Opéra. J'étais encore au lit. A peine le jour venait de

poindre ; je n'avais plus sommeil, mais j'étais bien
aise de rester encore couché. Que faire? lire? Non,
j'aurais pris froid. Penser? C'était trop pour quelqu'un qui n'était pas bien éveillé. Le rossignol chanta ;
je n'eus qu'à l'écouter. Il semblait vraiment qu'il
modérât sa voix pour ne pas me fatiguer. Parfois, j'aurais cru qu'il m'appelait. Mais sans me préoccuper
de son intention j'ai joui de ses chants. A coup sûr,
si l'oiseau chantait sans s'inquiéter de moi, Celui qui
l'a fait pensait à moi en le créant. Cette voix tombe si
délicieusement dans mon oreille et sur mon cœur, que
je ne puis m'empêcher de croire que Dieu songeait à
l'homme en faisant retentir la campagne de ces chants
harmonieux.

Invité par le rossignol à visiter le jardin, j'y trouvai
une touffe de roses qui me rappelèrent tes roses de
papier....

Mais ici, ce n'était plus des tiges naturelles et
des roses factices, mais des roses naturelles de la
racine jusqu'au bouton ! Quelle admirable fleur ! tout
y est réuni : grâce, parfum, éclat. Une multitude de

gouttelettes de rosée baignaient l'arbrisseau. La rose semblait sortir du bain ; fraîche et joyeuse, elle secouait ses perles humides qui tombaient sur le sol, ou montaient en vapeur. Quelques-unes de ces roses étaient épanouies, comme pour jouir plus largement du plaisir de vivre ; d'autres, entr'ouvertes, rappelaient la jeunesse qui ne demande qu'à se développer. Les petits boutons encore fermés étaient pour moi l'image de l'espérance.

Ce qui donne un charme inexprimable aux fleurs, ce n'est pas seulement leurs grâces et leurs parfums, mais encore cette vie qui les transforme à chaque instant ; cette vie qui parcourt le jardin, épanouit les fleurs, vivifie l'air et ranime l'insecte et l'oiseau.

A propos d'insectes, cela m'a rappelé tes oiseaux empaillés. Ce doit être bien joli. C'est égal, j'aime mieux mes oiseaux campagnards qui chantent sur les arbres et voltigent autour de moi ; j'aime mieux mon ânichon vivant que ton lion mort ; je préfère ma basse-cour animée à ton musée sous verre, sans tenir compte de mes œufs, de mon lait et de mes poulets.

Ton cabinet d'histoire naturelle me semble un cimetière et ma basse-cour une société vivante, heureuse, affairée. Examine donc tes momies, moi j'étudierai mes amis ailés, sautillants et joyeux.

Il est vrai que je n'ai pas tes peintures; pas un paysage sur une toile, pas un arbre factice, pas un soleil d'ocre rouge. Je tâche de m'en dédommager par un paysage encadré dans les cieux, des arbres réels se balançant dans les airs, me donnant leurs fruits, m'abritant de leur ombre. Mon soleil scintillant me console de ton soleil de papier.

. J'aime les arts ; mais après tout, la nature vivante vaut bien la nature morte ! C'est un musée comme le tien; seulement il est un peu plus vaste. On n'y voit pas toujours et toujours les mêmes tableaux de plus en plus vieillis, mais les paysages et les aspects célestes s'y modifient sans cesse : le printemps les couvre de verdure, l'été de lumière et l'automne de fruits.

Si le triste hiver tire un moment le rideau sur ces beautés, c'est pour me faire mieux sentir les

magnificences du printemps qui va renaître et me
rappeler que moi, comme toute la nature, je dois
renaître aussi. Un brin d'herbe me dit cela mais
non pas un tableau.

XXI.

Paris.

Ta lettre est cruelle ; tu mets tes champs en un tel contraste avec ma ville, que je sens mieux que jamais mon infériorité. Ta dernière parole surtout m'a frappé.

Tout à la campagne, me dis-tu, est vie, depuis la fleur qui s'entr'ouvre jusqu'au coursier qui bondit. Le retour du printemps te parle de ton propre retour. Vivre et revivre, voilà le résumé de tes impressions champêtres. Je te l'avoue, ce n'est pas celui de mes impressions citadines. Les champs peuvent reverdir sans que je m'en doute, le printemps revenir sans que j'en sache rien ; nos pavés sont toujours de la même couleur ; nos rues ne nous embaument pas plus en été qu'en hiver. Les mouvements de la ville me parlent beaucoup plus de fatigue que de vie ; j'y vois bien plus souvent la misère que le plaisir ; et si parfois le luxe de quelques-uns me frappe, j'en ressens moins une satifaction qu'un regret. Ici, la nature disparaît sous les arts ; Dieu est éclipsé par l'homme ; on réussit à peu près à ne pas penser à un Ciel que rien ne rappelle dans ces étalages d'or et de dentelles, dans ces équipages à la course insolente, ce régiment aux allures altières, ces joies bruyantes, ces chants impurs, cet éternel oubli des autres, cette constante préoccupation de soi-même. Je ne voudrais pas affirmer que personne dans cette foule ne songe à Dieu ; mais j'affirme du moins que personne ne paraît y songer.

XXII.

La Ferme.

Dieu, absent dans les rues de ta ville, me paraît toujours présent à la campagne. Ici, point de muraille pour me dérober la création. Ici, pas de rue étroite où l'on se torde le cou pour apercevoir le ciel ; mais un horizon qui me permet, même sans lever la tête, de porter mes regards sur des milliers d'étoiles. Tandis que tu dis : cet édifice est l'œuvre de tel architecte, ce tableau de tel peintre, cette musique de tel artiste, moi je puis me dire : ce ciel, cet arbre, cet insecte, sont les œuvres de Dieu. L'univers, constamment sous mes yeux, me rappelle constamment le Créateur.

Représente-toi un homme né à Paris, rue Quincampoix, élevé dans la boutique d'un épicier, pilant

des drogues du matin au soir, la semaine et le dimanche ;
n'ayant jamais fait d'autre voyage que celui de
l'arrière-boutique jusqu'à sa mansarde et de sa mansarde jusqu'à l'arrière-boutique ; représente-toi ce
déshérité de la nature tout-à-coup transporté dans nos
champs. Il arrive en hiver, les arbres sont dépouillés,
la terre est nue, l'air est froid ; il se croit presque dans
la rue Quincampoix. Quelques mois se passent, l'air
s'adoucit, le soleil se rapproche, les arbres se couvrent
de feuilles, la terre de moissons ; les champs verdissent
d'abord, jaunissent ensuite, et il ne peut plus tendre
la main qu'elle ne tombe sur un fruit, avancer le pied
qu'il ne foule une récolte. Les blés s'entassent dans la
grange, le vin coule dans la cuve, les alentours de la
ferme se peuplent de volatiles, la forêt de gibier...
L'abondance est partout ; l'homme n'a qu'à se baisser
pour cueillir. A cette vue, que pensera l'habitant de
l'arrière-boutique ? Son esprit se fût-il éteint sous ses
drogues, son âme se fût-elle atrophiée dans ses épices,
âme, esprit ne ressusciteront-ils pas pour voir, sentir,
aimer l'auteur de tous ces dons ? La bonté, la puissance du Créateur, n'ouvriront-elles pas les yeux de

cet aveugle ? Et son cœur ému n'éclatera-t-il pas en hymnes de reconnaissance ? Le chant de l'oiseau dans le buisson, le joyeux bourdonnement de l'insecte dans les airs, le calme des troupeaux dans la prairie, ne lui sembleront-ils pas l'expression de l'amour ? Oui, ces milliers d'êtres, qu'un seul regard découvre, ces millions qui se laissent entrevoir, toutes ces vies, toutes ces joies, plus nombreuses que les grains de sable du rivage, que les gouttes de l'océan, tous ces êtres crient ou murmurent : Béni, béni soit le Dieu de l'univers !

Je n'ai remarqué que l'absence d'une seule voix dans ce concert, celle de l'homme ; celle de l'habitant de la rue Quincampoix. Tandis que l'oiseau chante, que l'abeille bourdonne et que l'agneau se joue près de sa mère, l'homme, hélas ! se tait où se plaint ; parfois il blasphème ; et au lieu de rendre grâces à Dieu pour ce qu'il en reçoit, il lui fait un reproche de ce qu'il n'en reçoit pas ! Quelle lucide et triste explication de ces paroles d'un prophète : « Cieux, « écoutez ! Terre, prête l'oreille : voici ce que dit l'Eter- « nel : J'ai nourri des enfants qui se sont révoltés « contre moi. Le bœuf, du moins, connaît son posses-

« seur, et l'âne la crèche de son maître ; mais l'homme
« ne me connaît pas ! »

P. S. J'en étais là de ma lettre, lorsque la petite
Marie s'est présentée une lettre à la main. Comme
elle hésitait à pénétrer dans ma chambre, me voyant
occupé, je dus l'y encourager.

— Entre, lui dis-je. Que veux-tu ? mon enfant.

— Je voudrais m'assurer si je sais bien ma leçon,
et je venais vous prier de me la faire réciter.

— Volontiers. Donne-moi ton livre. Je ferai les
demandes, toi les réponses.

MOI : « Seigneur, qu'est-ce que l'homme mortel, que
tu te souviennes de lui ? »

MARIE : « Le cœur de l'homme est désespérément
« malin. Il n'y a point de juste, non pas même un
« seul homme qui fasse le bien. Pas un qui cherche
« Dieu ; ils se sont tous égarés. Ils sont remplis d'in-
« justices, d'impuretés, d'avarice, d'envie, de que-
« relles, de fraudes, médisants, orgueilleux, rebelles
« à pères et mères. »

— Est-ce ton cas, Marie ?
Marie garda le silence.

— Réponds-moi donc !

— Eh bien ! j'espère qu'il n'en est plus ainsi.

— Comment, plus ainsi ? Il en était ainsi pour toi jadis ?

— Oh! oui, j'ai bien souvent désobéi à mon père et à ma mère.

— Mais t'es-tu querellée ?

— Oui, avec ma sœur.

— As-tu jamais été injuste?

— Quelquefois en la frappant.

— As-tu donc jamais médi?

— J'ai raconté les sottises de mes camarades à l'école.

— Tu étais donc méchante?

— Oui, puisque je le faisais avec plaisir.

— Et tout cela ne t'a pas fait peur ?

— Si peur, que j'ai pensé que Dieu m'en punirait.

— Tu l'as pensé ; ne le penses-tu donc plus aujourd'hui?

— Non.

— Pourquoi ?

— Parce que Dieu m'a pardonné.

— Qui te l'a dit ?

— Jésus-Christ.

— Où ?

— Dans l'Evangile.

— Comment ?

— C'est justement ce qui se trouve dans le reste de ma leçon. Voici : « O vous qui êtes fatigués et chargés, « venez à moi et vous trouverez le repos de vos « âmes..... Quand nous n'étions que pécheurs, Christ « est mort pour nous. Dieu est abondant en grâces, « miséricordieux, lent à la colère ; il a éloigné de nous « nos péchés, comme l'orient est loin de l'occident, « comme les cieux sont distants de la terre. » (J.-C., DAVID, ISAÏE.)

— Ainsi, maintenant, tu ne crains donc rien ?

— Rien, parce qu'il est dit que Jésus nous a réconciliés avec Dieu, notre Père, et je suis devenue son enfant.

Je n'ai pas poussé mes questions plus loin ; je savais le reste, et tu en sais quelque chose : le dévoûment de

Marie pour le paralytique en dit plus que les plus longues histoires.

Cette petite anecdote m'a remis en mémoire ce que je savais déjà, mais; hélas! ce que j'oublie souvent. J'ai vu là, vivantes, cette foi, cette charité dont parle l'Evangile, foi et charité que je ne crois pas plus abondantes à la campagne qu'à la ville, mais qu'il est peut-être plus facile de posséder ici, où les tentations sont moins grandes. Ne fût-ce que pour l'absence du luxe, du plaisir et du vice qui courent les rues de vos cités, ce serait déjà un grand avantage que d'habiter nos champs, plus paisibles et moins dangereux.

Adieu.

XXIII.

Paris.

Enfin tu l'emportes, et je quitte Paris. Décidément, vivre ici ce n'est pas vivre, c'est s'agiter. On y fait tout à la vapeur ! On ne s'appartient pas ; mille niaiseries, grandes ou petites, dévorent votre temps. On oublie une seule chose qui devrait toutes les précéder : penser. Le soir, je rentre chez moi harassé, me demandant à quoi se réduit ma journée : deux courses, une en voiture, l'autre à pied ; deux visites, une faite et manquée, une reçue et prolongée, double calamité ! J'en ai pris mon parti, je pars demain et je vais te trouver.

XXIV.

La Ferme.

« Je pars demain et je vais te trouver, » me disait
ta dernière lettre. Je suis allé à ta rencontre, mais
personne ! Le lendemain, nouvelle course, et course en
vain. Le jour suivant, même répétition ; enfin depuis
une semaine je t'attends, et depuis une semaine tu
n'arrives pas ! Es-tu mort ou vivant ? malade ou en
santé ? Que quelqu'un me donne un mot d'explication !

XXV.

Paris.

J'en conviens, j'aurais dû t'écrire plus tôt ; mais voici mon excuse : avec ta lettre, il m'en est arrivé une de Californie m'apportant un héritage inattendu. Un petit million ! Je t'avoue que ce million a quelque peu changé mes idées. Avec l'argent tout devient facile. On peut se donner un équipage dehors, se permettre de n'être pas visible dedans. On fait accomplir par d'autres ce qui vous ennuie ; on choisit ses amis ; on tient à distance les importuns. Enfin, pour tout dire, les riches peuvent vivre dans la Capitale. D'ailleurs, il me faut désormais administrer ma fortune et si possible l'accroître, car maintenant la chose est plus facile. Je reste donc ici cet hiver ; nous penserons à la campagne l'été prochain.

J'espère que tu m'excuseras, car je ne pouvais pas prévoir la mort de mon cousin Grandville.

XXVI.

La Ferme.

Un million? Oui, c'est bien ce qu'il faut pour vivre à Paris. Je t'en félicite sans te l'envier, car ici je puis m'en passer. Sans doute à la Ferme je ne vis pas de l'air du temps; mais de combien de choses je me dispense qui sont indispensables dans ta vaste et brillante cité! Toilette, équipage, réceptions, ici sont supprimés. Vos tentations de tous genres nous sont inconnues. On traverse nos grands chemins avec moins de danger que vos boulevards. Sans nier vos moyens de satisfaire les caprices du riche, je trouve plus simple de n'avoir ni les caprices ni leur satisfaction.

Ma médiocrité me tient lieu du superflu, car elle m'en dispense. On peut être simple, frugal, à la campagne, sans étonner personne ; avec peu l'on est au-dessus du campagnard qui n'a rien. La fortune me produit l'effet d'une robe à crinoline ; c'est beau, mais c'est inutile. On se couvre tout aussi bien d'un simple cotillon. Ainsi bonsoir, bien du plaisir. Reste là-bas, je reste ici.

XXVII.

Paris.

Après un an de silence, j'ose à peine t'écrire. Que dois-tu penser de moi? Que je suis un ingrat, un orgueilleux? Voici la vérité.

En possession de ma nouvelle fortune, je me suis dit qu'il fallait en jouir. J'ai loué un hôtel, acheté un équipage, donné des fêtes, et au bout du compte je me suis fatigué comme jadis dans ma chambre, comme dans un omnibus, comme dans la solitude. Mon million m'a donné, non des amis, mais des solliciteurs. Pas plus de joie, mais plus de préoccupations. Avec la fortune sont venues les fantaisies… dispense-moi de t'en dire plus long. Riche, toutes les jouissances de Paris me sont devenues des piéges, tandis que pauvre, la vue de toutes me faisait sentir leur privation. On ne peut courir la ville la bourse pleine sans être provoqué à des sottises à chaque pas. Luxe, beaux-arts, théâtres, concerts, voluptés, sont autant de sirènes qui vous appellent de toutes parts, vous promettent le plaisir et vous donnent le remords !

Enfin, je dois tout dire au risque d'être mal jugé. Plus j'avais d'aisance, plus il m'en fallait. Mes cinquante mille livres de rentes, qui m'avaient paru inépuisables, furent d'autant plus vite épuisées que je dus commencer par monter ma maison sur un pied respectable ; si bien que mes rentes annuelles s'écoulèrent plus vite que l'année. Effrayé de mes dépenses, j'ai voulu les réparer. J'ai acheté des actions, des fonds publics. Disons-le : j'ai joué ; joué et perdu ! La Bourse est devenue ma ruine. Oh ! si j'avais plus tôt quitté Paris !

Mais enfin mieux vaut tard que jamais ; je reviens

à toi, non pas ruiné, mais appauvri. Il me restera toujours assez pour vivre simplement, à la campagne, dans ta douce et précieuse société. Ainsi veuille me pardonner et me rendre ton amitié.

Tout à toi et pour toujours!

XXVIII.

La Ferme.

Pauvre ami, ton illusion n'a pas été de longue durée ! Heureux encore d'en être revenu ! Peut-être te fallait-il cette expérience pour te détacher de la grande cité.

Quant à moi, voici mon histoire depuis ma dernière lettre de l'an passé.

Tu sais que je ne suis pas plus riche que tu ne l'étais dans ta médiocrité. De plus, je n'ai fait aucun héritage ; mais enfin les petites rentes qui me faisaient vivre bien juste à Paris sont devenues plus que suffisantes pour la vie des champs. Plus de simplicité dans ma demeure, ma toilette, et moins d'occasions pour de vaines dépenses, tout a concouru à me créer un petit superflu. Qu'en faire? La pensée m'est venue de le dépenser pour de plus nécessiteux ; or ces nécessiteux n'ont pas été difficiles à trouver. Des malades sans remèdes, des ouvriers sans outils, des familles sans pain, des enfants sans instruction, des orphelins, des indigents, tous ces parents de Jésus-Christ abondent ici comme partout. J'ai pu accorder à l'un un peu de pain, à l'autre une visite ; offrir à celui-ci un conseil, à celui-là un Evangile. Distribuer à tous de bonnes paroles, des égards, un sourire, une poignée de main. Il faut si peu pour réjouir le cœur des malheureux. Je suis maintenant connu de tout le pays. Sans doute on me demande souvent plus que je ne puis faire; mais l'étroitesse de ma demeure, la frugalité de ma table, la simplicité de ma mise, tout leur dit que si je ne donne pas davantage, ce n'est pas que je garde trop pour moi ; mais parce que je n'ai rien de plus à donner.

Mes petits dons me gagnent les cœurs, m'obtiennent

de la considération, et j'en profite pour me faire écouter. En général, mes avis sont suivis et j'ai la douceur de rendre service avec quelques mots comme avec quelque argent.

Eh bien! le croirais-tu? mes dépenses pour les autres me procurent plus de plaisir que mes dépenses pour moi-même. Je jouis plus de ce que j'accorde que de ce que je garde; et somme toute, il y a bénéfice à donner!

Quand je me suis vu, comme toi, au bout de mes ressources, j'ai eu recours non pas à la Bourse de Paris, mais à la bourse de mes bons amis. J'ai fait connaître aux riches les besoins des nécessiteux. Je les ai poussés à s'en préoccuper, et ainsi j'ai doublé, triplé les secours. A ceux qui ne voulaient pas donner de l'argent, je demandais du pain, un vêtement; si bien que nos pauvres étaient finalement soulagés. D'autres m'ont donné des livres; je les ai fait circuler. D'autres m'ont procuré des recommandations; je les ai transmises à qui en avait besoin. Quand un homme n'a pas pu m'aider, je me suis adressé à une société; en sorte que j'ai multiplié mes offrandes bien au-delà de ce que j'avais d'abord espéré.

Tu ne seras donc pas surpris si je te fais entrer dans mes plans pour t'offrir mes conseils et te demander ton argent. Viens vivre à la campagne avec simplicité, économie, et tes ressources, insuffisantes à Paris, seront surabondantes dans les champs. Ici tu n'exciteras l'envie de personne, mais tu seras plus heureux, car tu feras du bien.

A toi de cœur.

XXIX.

Paris.

Je quitte Paris ce soir, et je t'arrive demain. Fais-moi préparer une chambre à la Ferme, en attendant que je me fasse bâtir une chaumière dans les champs.

FIN.

AMIENS — IMP. DE T. JEUNET.